"十三五"国家重点研发计划项目
预制装配式混凝土结构建筑产业化关键技术（2016YFC0701900）资助

装配式混凝土结构预制构件吊装构造及应用指南

楼跃清　陈　骏　主编

U0194995

中国建筑工业出版社

图书在版编目（CIP）数据

装配式混凝土结构预制构件吊装构造及应用指南／楼跃清，陈骏
主编．—北京：中国建筑工业出版社，2020.11
ISBN 978-7-112-25313-5

Ⅰ.①装…　Ⅱ.①楼…②陈…　Ⅲ.①装配式混凝土结构-预制
结构-结构吊装-指南　Ⅳ.①TU37-62

中国版本图书馆 CIP 数据核字（2020）第 122258 号

　　本书是面向建筑产业现代化一线管理人员的一本技术指南，重点介绍预制构件吊装的工装设备以及使用技术要点，以提高预制构件的安装效率和质量。全书共分为 4 章，包括编制说明、装配式混凝土结构体系、预制构件的构造及吊装、吊装工具工装。本书内容精炼、图文并茂、重点突出。本书可作为从事装配式混凝土结构施工的技术人员、建筑工程类执业注册人员、政府各级相关管理人员等的专业参考书和培训用书，也可作为职业学校相关专业教材。

责任编辑：范业庶　张　磊　王砾瑶
责任校对：焦　乐

装配式混凝土结构预制构件吊装构造及应用指南
楼跃清　陈　骏　主编
*
中国建筑工业出版社出版、发行（北京海淀三里河路9号）
各地新华书店、建筑书店经销
北京建筑工业印刷厂制版
北京建筑工业印刷厂印刷
*
开本：787×1092毫米　1/16　印张：3½　字数：75千字
2020年10月第一版　2020年10月第一次印刷
定价：**28.00**元
ISBN 978-7-112-25313-5
（36084）

前　言

伴随着工业化的进程，建筑工业化成为业界发展的必然方向，先进的、集中的、工业化的生产方式逐步取代过去分散的、落后的手工业传统生产方式。工业化建筑模式，既适应了城市建设、提升城市发展品质的需要，同时也契合了国家落实节能环保和科学发展观。

总体上看，装配式建筑的现场安装设备机械化程度仍显不够，预制构件现场安装效率偏低。目前装配式施工技术差异性较大，标准化程度较低，工装设备也不完善，在工具工装方面，缺少专业设备。没有达到工业化生产和施工的目的，由此带来安装质量不高，效率低下等问题。

针对以上情况，结合现场实际情况，在收集整理现有的工具工装的基础上，研发若干普遍适用的工具工装。

本书是面向建筑产业现代化一线管理人员的一本技术指南，重点介绍预制构件吊装的工装设备以及使用技术要点，以提高预制构件的安装效率和质量。

本书以建筑工程施工现场专业人员的培养为目标，编写时力求"以应用为目的，以突出重点为原则"。针对与传统建筑施工方式不同的预制装配式结构施工特点，重点介绍了装配式混凝土结构的工装体系，以及预制构件的吊装工具及应用技术。

本技术指南编写时力求内容精炼、图文并茂、重点突出、文字叙述通俗易懂。本书可作为从事装配式混凝土结构施工的技术人员、建筑工程类执业注册人员、政府各级相关管理人员等的专业参考书和培训用书，也可作为职业学校相关专业教材。限于时间和业务水平，书中难免存在不足之处，真诚地欢迎广大读者批评指正。

2020 年 5 月

目　　录

1 编制说明

1.1 适用范围

1. 本技术指南主要适用于工业与民用建筑，装配式混凝土结构预制构件的吊装与安装。

2. 本技术指南主要介绍预制构件的吊装构造、吊装工具的介绍，以及吊装工具工装的应用。具体应用时，应结合预制构件的类型和现场安装实际条件选用。

3. 施工单位应根据装配式结构工程施工要求，合理选择和配备吊装工具；应根据预制构件型号、重量、规格尺寸及安装等要求，确定吊装使用的工（器）具。

4. 施工单位可采用 BIM 技术及三维模拟技术，对预制构件的吊装及安装等环节进行施工模拟，保证工具工装的合理使用及安全符合要求。

5. 预制构件吊装安装前，应编制专项施工方案，必要时应进行吊装受力计算，保证吊装各环节、各吊装工具的受力安全，并保证必要的安全系数。

1.2 编制依据

1.《装配式混凝土建筑技术标准》GB/T 51231—2016；

2.《装配式混凝土结构技术规程》JGJ 1—2014；

3.《重型设备吊装手册》（第 2 版）；

4.《机械设计手册》；

5.《建筑施工模板安全技术规范》JGJ 162—2008；

6.《组合铝合金模板工程技术规程》JGJ 386—2016；

7.《塔式起重机设计规范》GB/T 13752—2017。

2 装配式混凝土结构体系

2.1 装配式混凝土框架结构体系

装配式混凝土结构：由预制混凝土构件通过可靠的连接方式装配而成的混凝土结构，包括装配整体式混凝土结构、全装配混凝土结构，简称装配式结构（《装配式混凝土结构技术规程》JGJ 1—2014）。

从结构形式角度，装配式混凝土结构主要分为框架结构、框架支撑结构、剪力墙结构、框架-剪力墙结构、框架-核心筒结构等，目前应用最多的是剪力墙结构体系，其次是框架结构、框架支撑结构、框架-剪力墙结构体系。

相比于其他结构体系，装配式混凝土框架结构的主要特点是：连接节点单一、简单，结构构件的连接可靠并容易得到保证，方便采用等同现浇的设计理念；布置灵活，容易满足不同的建筑功能需求；结合外墙板、内墙板、预制楼板或预制叠合楼板，预制率可以达到很高水平，很适合建筑工业化发展。

目前国内有研究和应用的装配式混凝土框架结构，根据构件形式及连接形式，大致可以分为以下两种：框架柱现浇，梁、楼板、楼梯等采用预制叠合构件或预制构件；框架梁、柱均采用预制构件，节点刚性连接，性能接近于现浇框架结构，即装配整体式框架结构体系。

根据连接形式，框架结构体系可细分为 6 种，具体如下：

（1）框架梁、柱预制，通过梁柱后浇节点区进行整体连接，是纳入《装配式混凝土结构技术规程》JGJ 1—2014 中的结构体系。

（2）梁柱节点与构件一同预制，在梁、柱构件上设置后浇段连接的结构体系。

（3）采用现浇或多段预制混凝土柱，预制预应力混凝土叠合梁、板，通过钢筋混凝土后浇部分将梁、板、柱及节点连成整体的框架结构体系。

（4）采用预埋型钢等进行辅助连接的框架体系。通常采用预制框架柱、叠合梁、叠合板或预制楼板，通过梁、柱内预埋型钢螺栓连接或焊接，并结合节点区后浇混凝土，形成整体结构。

（5）框架梁、柱均为预制，采用后张预应力筋自复位连接，或者采用预埋件和螺栓连接等形式，节点性能介于刚性连接与铰接之间。

（6）装配式混凝土框架结构结合应用钢支撑或者消能减震装置。这种体系可提高结构抗震性能，增加结构使用高度，扩大其适用范围。

　　装配式框架结构的外围护结构通常采用预制混凝土外挂墙板体系，楼面体系主要采用预制叠合楼板，楼梯为预制楼梯。由于技术和使用习惯等原因，我国装配式框架结构的适用高度较低，适用于低层、多层和高度适中的高层建筑，其最大适用高度低于剪力墙结构或框架-剪力墙结构。因此，装配式混凝土框架在我国内地主要应用于厂房、仓库、商场、停车场、办公楼、教学楼、医务楼、商务楼等建筑，这些建筑要求具有开敞的大空间和相对灵活的室内布局，同时对于建筑总高度的要求相对适中；同样原因，目前装配式框架结构较少应用于居住建筑。相反，在日本以及我国台湾等地区，框架结构则大量应用于包括居住建筑在内的高层、超高层民用建筑（图 2-1）。

图 2-1　装配式框架结构应用

2.2　装配式剪力墙结构技术体系

　　按照主要受力构件的预制及连接方式，国内的装配式剪力墙结构体系可分为：装配整体式剪力墙结构体系、叠合剪力墙结构体系、多层剪力墙结构体系。装配整体式剪力墙结构体系应用较多，适用的房屋高度最大；多层剪力墙结构目前应用较少，但基于其高效、简便的特点，在新型城镇化的推进过程中前景广阔。此外，还有一种应用较多的剪力墙结构工业化建筑形式，即结构主体采用现浇剪力墙结构，外墙、楼梯、楼板、隔墙等采用预制构件。这种方式在我国南方部分省市应用较多，其结构设计方法与现浇结构基本相同。

1. 装配整体式剪力墙结构体系

装配整体式剪力墙结构中，全部或者部分剪力墙（一般多为外墙）采用预制构件，构件之间拼缝采用湿式连接，结构性能和现浇结构基本一致，主要按照现浇结构的方法进行设计。结构中一般采用预制叠合板及预制楼梯，各层楼面和屋面设置水平现浇带或者圈梁。预制墙中竖向接缝的存在对剪力墙刚度有一定影响，考虑到安全因素，结构整体适用高度有所降低。

目前，国内主要的装配整体式剪力墙结构体系中，主要技术特征在于剪力墙构件之间的接缝连接形式。各体系中，预制墙体竖向接缝的构造形式基本类似，均采用后浇混凝土段连接预制构件，墙板水平钢筋在后浇段内锚固或者连接，具体的锚固方式有所不同。各种技术体系的主要区别在于预制剪力墙构件水平接缝处竖向钢筋的连接技术以及水平接缝的构造形式。

按照预制墙体水平接缝钢筋连接形式，可分为以下 5 种：① 竖向钢筋采用套筒灌浆连接，拼缝采用灌浆料填实；② 竖向钢筋采用螺旋箍筋约束浆锚搭接连接，拼缝采用灌浆料填实；③ 竖向钢筋采用金属波纹管浆锚搭接连接，拼缝采用灌浆料填实；④ 竖向钢筋采用预留后浇区内搭接、机械连接；⑤ 竖向钢筋采用型钢辅助连接或者预埋件螺栓连接等。

其中，前 3 种连接形式相对成熟、应用较多。钢筋套筒灌浆连接技术成熟，但成本相对较高，竖向钢筋逐根连接对施工要求也较高，因此通常采用竖向分布钢筋等效连接形式或其他简便的连接形式，现在已有行业标准和地方标准。钢筋浆锚搭接连接技术成本相对较低，目前的工程应用通常为剪力墙全截面竖向分布钢筋逐根连接。螺旋箍筋约束钢筋浆锚搭接和金属波纹管钢筋浆锚搭接连接技术是目前应用较多的钢筋间接搭接连接的两种形式，各有优缺点，已有相关地方标准。底部预留后浇区钢筋搭接连接剪力墙技术体系尚处于深入研发阶段，暂未纳入现行行业标准《装配式混凝土结构技术规程》JGJ 1—2014 中，该技术剪力墙竖向钢筋采用搭接、套筒灌浆连接技术进行逐根连接，技术简便，成本较低，但增加了模板和后浇混凝土工作量，还要采取措施保证后浇混凝土的质量。

该体系的全部或部分剪力墙采用预制墙板，并通过现场后浇混凝土以及水泥基灌浆料形成整体（图 2-2）。

2. 现浇剪力墙结构工业化技术体系

现浇剪力墙结构配外挂墙板技术体系的主体结构为现浇结构，其房屋适用高度、结构计算和设计构造完全与现浇剪力墙相同。通过外围护墙预制实现外墙保温装饰一体化、门窗标准化、无外架施工，内墙采用铝模等方式实现工业化建造。

3. 叠合板混凝土剪力墙结构体系

叠合板混凝土剪力墙结构主要引进德国的技术，为了满足我国国情，对其进行了改良和创新技术研发。该体系已有安徽省地方标准，适用于抗震设防烈度为 7 度及以下地区和非抗震区的高度不超过 60m、层数在 18 层以内的混凝土建筑。当应用于抗震区或更高的

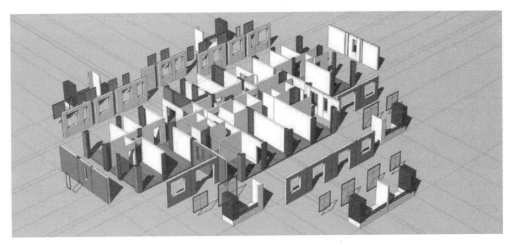

图 2-2　装配整体式剪力墙结构体系

建筑中时，结构设计中应注重边缘构件的设计和构造。

　　叠合板混凝土剪力墙结构体系，窗户及穿墙套管等可事先预埋在预制墙板里。现场施工时，直接现浇混凝土于叠合墙板之间（图 2-3）。

图 2-3　叠合板混凝土剪力墙结构体系

4. 多层剪力墙结构体系

多层装配式剪力墙结构技术适用于 6 层及以下的丙类建筑，3 层及以下的建筑结构甚至可采用多样化的全装配式结构技术体系。随着我国城镇化的稳步推进,可以预见,多样化的低层、多层装配式剪力墙结构技术体系将在我国乡镇及小城市中得到大量应用,具有良好的研发和应用前景。

2.3　装配式框架-剪力墙结构体系

框架-剪力墙结构是由框架和剪力墙共同承受竖向和水平作用的结构,兼有框架结构和剪力墙结构的特点,体系中剪力墙和框架布置灵活,较易实现大空间和较高的适用高度,可以满足不同建筑功能的要求,广泛应用于居住建筑、商业建筑、办公建筑、工业厂房等,便于用户进行个性化室内空间的改造。

根据预制构件部位的不同,可分为预制框架-现浇剪力墙结构、预制框架-现浇核心筒结构、预制框架-预制剪力墙结构3种形式。预制框架-现浇剪力墙结构中,预制框架结构部分的技术体系前文已有介绍;剪力墙部分为现浇结构,与普通现浇剪力墙结构要求相同。这种体系的优点是适用高度大,抗震性能好,框架部分的装配化程度较高;主要缺点是现场同时存在预制装配和现浇两种作业方式,施工组织和管理复杂,效率不高。预制框架-现浇核心筒结构具有很好的抗震性。但预制框架与现浇核心筒同步施工会造成交叉影响,难度较大;筒体结构先施工、框架结构跟进的施工顺序可大大提高施工速度,但这种施工顺序需要重点研究预制框架构件与混凝土筒体结构的连接技术,以提高施工效率。目前,预制框架-预制剪力墙结构仍处于基础研究阶段,国内应用数量较少。

3 预制构件的构造及吊装

3.1 预制柱

3.1.1 预制柱的吊装构造

预制柱的吊装构造主要有如下几种：

（1）在柱顶预埋吊钉，吊钉数量根据柱的长度及重量布置，一般布置有2～4颗。吊钉的型号及载荷量应满足自身的额定荷载，以及混凝土对吊钉的锚固要求（图3-1）。

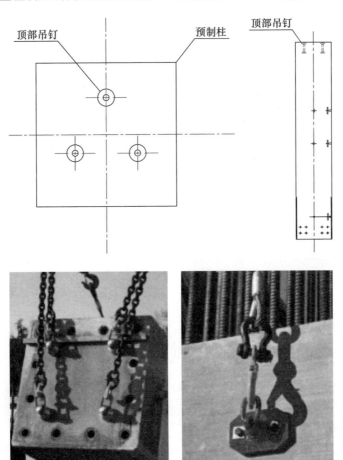

图 3-1　在柱顶预埋吊钉吊装

（2）对于预制柱较长较重，也有在预制柱顶部预留孔洞，穿芯棒进行吊装。吊装时，芯棒与预制柱预留孔洞可转动，从而使预制柱从水平状态到垂直状态的受力较平稳，当预制柱吊装就位完毕后，将芯棒取出（图3-2）。

（3）在预制柱的顶部侧面预埋套筒，固定连接件进行吊装。此方法需在柱的两侧对称布置预埋套筒，对称进行吊装。

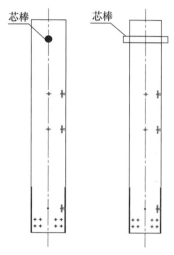

图3-2　预埋套筒吊装

（4）对于预制柱通长，且在梁柱节点处预留钢筋节点现浇的预制柱，吊装时，应重点关注预留钢筋节点现浇部位的钢筋强度是否满足吊装要求，若不满足吊装要求，则应对钢筋预留节点现浇部位进行加固处理（图3-3～图3-6）。

（5）对于预制预应力框架结构，框架柱为通长预制柱，长度较长，重量较大，且长细比较大。此柱在吊装前，应进行预制柱的吊装工况下的强度验算，选择合适的吊点位置和吊装方法，以避免吊装时混凝土开裂甚至断裂现象。当强度允许时，可在预制柱顶部设置主吊点，预制柱尾部设置辅助吊点，两台吊车同时进行起吊。顶部吊点吊车主要进行竖向提升，底部吊点吊车溜放，逐渐将预制柱由水平状态提升至竖直状态，再松开底部吊点。

图3-3　预制柱的吊装

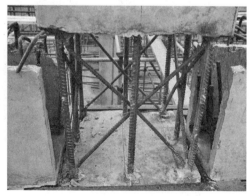

图3-4　现浇节点部位钢筋加固

图 3-5　预制柱临时支撑　　　　　　　　图 3-6　预制叠合楼板现浇层钢筋绑扎

当强度不允许时，可将预制柱主吊点下移至 2/3 处或以上位置，采用侧面 2 点吊装预制柱，尾部配溜放吊点及吊车起吊。

预制柱的底部，一般预留有灌浆套筒，将灌浆套筒与预留钢筋进行灌浆连接（图 3-7）。

图 3-7　灌浆套筒与预留钢筋进行灌浆连接

3.1.2　预制柱的吊装

1. 安装面准备

凿毛并清理结合面。根据定位轴线，在已施工完成的楼地面上放出构件边线及 200mm 控制线。

对套筒插筋的垂直度、定位进行复核，偏位误差控制在 5mm 内，确保构件的套筒与下一层的预留插筋能够顺利对孔。

在每根预制柱的安装部位（柱底四个角部），根据构件表面上的 500mm 标高控制线（生产时在构件表面标出），测量并计算出钢垫板的高度，放置钢垫板，以调整预制柱标高。

2. 预制柱起吊

起吊前仔细核对构件编号，由专人负责挂钩、设置引导绳，待人员撤离至安全区域时，由起吊处信号工确认安全后进行试吊，缓慢起吊至距离地面 0.5m，确定安全后，平稳起吊至安装面（图 3-8、图 3-9）。

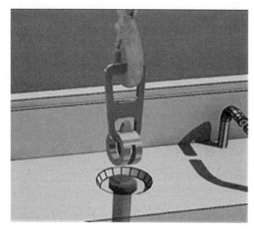

图 3-8 专用吊扣示意

图 3-9 预制柱吊装示意

3. 预制柱安装

工作面上安装人员提前将临时斜支撑准备好，待构件下放至距安装面 0.5m 时，由安装工人手扶引导降落，缓慢降落至安装面，通过镜子观察套筒与插筋是否对孔，过程中使用小锤微调钢筋确保构件安装就位。

用千斤顶对预制柱的标高及轴线进行微调。用经纬仪控制垂直度（图 3-10、图 3-11）。

图 3-10 预制框架柱安装示意 1

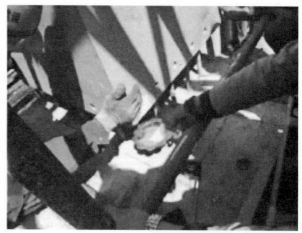

图 3-11 预制框架柱安装示意 2

4. 标高控制

构件吊装之前在室内架设激光扫平仪，扫平标高为 500mm，构件安装后通过激光线与墙面 500mm 控制线进行校核，底部通过垫片调节标高，直至激光线与构件表面 500mm 控制线完全重合（图 3-12、图 3-13）。

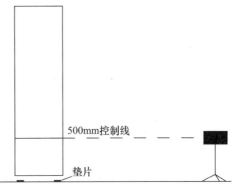

图 3-12　标高控制线示意　　　　　　图 3-13　激光扫平仪扫平

5. 构件调节及支撑

竖向构件采用斜支撑进行临时固定。预制柱采用两根斜支撑进行临时固定，分别安装在柱子相邻的两个面上。斜支撑还可用于调整构件安装垂直度，待垂直度满足要求后紧固斜支撑（图 3-14、图 3-15）。

图 3-14　预制柱临时支撑示意　　　　　图 3-15　构件垂直度检查

3.2　预制梁

3.2.1　预制梁的吊装构造

预制梁的吊装，普遍采用梁顶面预埋吊钉或钢筋吊环的方式进行吊装，也有采用绳索绑扎预制梁起吊的方式。当采用绳索绑扎起吊时，必须用卡环卡牢（图 3-16）。

牛腿节点主要用于厂房等工业建筑，是一种常用的框架节点形式。此类节点主要由牛腿支撑竖向荷载及梁端剪力，大部分牛腿节点设计中被看成铰接节点。除现浇混凝土中可做成牛腿节点外，螺栓、焊接等方式也常用于牛腿连接（图 3-17、图 3-18）。

图 3-16 预制梁的吊装——绳索绑扎

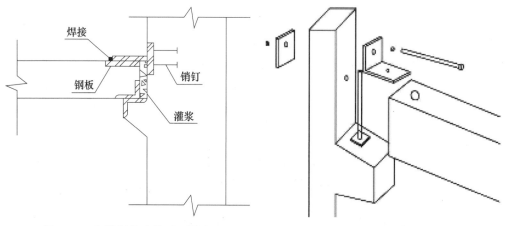

图 3-17 牛腿焊接连接（刚接）　　　　图 3-18 牛腿螺栓连接（铰接）

3.2.2 预制梁的吊装

1. 安装面准备

根据叠合梁板平面布置图，在已安装完成的预制柱侧面放出叠合梁平面控制线（图 3-19）。

水平构件临时支撑采用底部带三脚架的独立钢支撑，顶部 U 托内放置通长的木枋或钢梁，标高调节至梁底或板底标高，并通过水准仪进行复核。木枋或钢梁放置方向应垂直于桁架筋（图 3-20）。

墙、柱底注浆强度满足设计要求后可进行叠合梁吊装。

2. 叠合梁起吊

为保证梁在吊运过程中保持水平状态，应使用吊装平衡梁进行叠合梁吊装。吊装时，应保证预制叠合梁的水平度（图 3-21、图 3-22）。

3. 叠合梁安装

当叠合梁下放至距安装面 0.5m 时，由安装工人扶住构件缓慢下落。根据定位控制线，引导构件降落至独立支撑上，校核构件水平位置，并通过调节独立钢支撑，确保标高满足设计要求。

图 3-19 叠合梁平面控制线示意

图 3-20 独立钢支撑示意

图 3-21 叠合梁吊装示意

图 3-22 叠合板吊装示意

3.3 预制剪力墙

3.3.1 预制剪力墙的吊装构造

预制剪力墙为平面状构件，现场一般为竖向存放，采用存放架进行存放。

预制墙板吊装时，一般在墙体顶部预埋吊钉，当墙体长度不超过 5m 时，一般预埋 2 颗吊钉。当预制墙板长度较长时（超过 5m），则预埋 3～4 颗吊钉（图 3-23）。

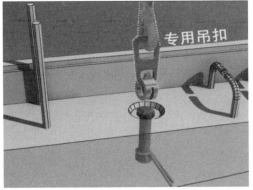

图 3-23 预制剪力墙上预埋吊钉吊装

也有在预制墙体顶部预埋螺栓套筒，再用螺栓将吊耳固定在螺栓套筒内，剪力墙安装完毕后，拆除吊耳及紧固螺栓。预制剪力墙上预埋螺栓套筒吊装件连接吊装见图3-24。

图 3-24 预制剪力墙上预埋螺栓套筒吊装件连接吊装

预制墙板吊装时，为了保证墙体吊钉处于竖向受力状态，应采用 H 型钢焊接而成的专用吊梁，根据各预制构件吊装时不同尺寸、重量，以及不同的起吊点位置，设置模数化吊点，确保预制构件在吊装时吊装钢丝绳保持竖直。专用吊梁下方设置专用吊钩，用于悬挂吊索，进行不同类型预制墙体的吊装。

当预制剪力墙上开门洞或窗户且洞口不居中时，则预制剪力墙的重心有可能不在中间轴处，吊装时预制剪力墙可能会倾斜。此种情况，可采用三点吊装，中间一根吊索配手拉葫芦进行调平。

当预制剪力墙带凸窗时，则预制剪力墙的重心有可能在墙体平面外，吊装时产生平面外的倾斜。此种状态时可采用框架式平衡梁四点吊装，并配手拉葫芦进行调平。

3.3.2 预制剪力墙的吊装

1. 起吊前准备

根据定位轴线，在作业层混凝土顶板上，弹设控制线以便安装墙体就位，包括：墙体及洞口边线；墙体 200mm 水平位置控制线；作业层 500mm 标高控制线（混凝土楼板插筋上）；套筒中心位置线。

用钢筋卡具对钢筋的垂直度、定位及高度进行复核，对不符合要求的钢筋进行校正，确保上层预制外墙上的套筒与下一层的预留钢筋能够顺利对孔。楼层上钢筋要进行校正

（图 3-25～图 3-28）。

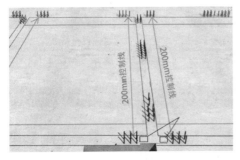

图 3-25　墙体定位线

图 3-26　墙体定位线

图 3-27　钢筋卡具

图 3-28　楼层钢筋矫正

2. 钢垫片放置

使用水准仪测出标准层所有预制剪力墙落位处放置垫片部位的标高，计算出该层预制剪力墙落位处标高的平均值，如最低处与最高处差值过大可取平均区间，或者将几处最高的部位进行处理后再取平均值。

待对应的预制剪力墙进场后，通过验收可得出对应垫片位置的剪力墙高度，然后根据层高进行等式计算，可得出放置垫片的高度（图 3-29）。

图 3-29　放置钢垫片

3. 结合面处理

为了使旧混凝土面与灌浆料结合更紧密，需要在吊装预制剪力墙前进行凿毛处理，也可在混凝土初凝前拉毛（图 3-30、图 3-31）。

图 3-30　结合面凿毛　　　　　　　　图 3-31　结合面清扫湿润

4. 固定弹性密封胶条

使用弹性密封胶条对灌浆区域进行分仓，为后期灌浆做准备。采用水泥钉将密封胶条固定于地面，堵缝效果要确保不漏浆（图 3-32）。

图 3-32　固定弹性密封胶条

5. 预制墙体起吊

吊装时设置两名信号工，起吊处一名，吊装楼层上一名。另外墙吊装时配备一名挂钩人员，楼层上配备 3 名安放及固定墙体人员。

吊装前由质量负责人核对墙板型号、尺寸，检查质量无误后，由专人负责挂钩，待挂钩人员撤离至安全区域时，由下面信号工确认构件四周安全情况，确认无误后进行试吊，指挥缓慢起吊，起吊到距离地面 0.5m 左右时，塔吊起吊装置确定安全后，继续起吊（图 3-33、图 3-34）。

6. 预制墙体安装

待墙体下放至距楼面 0.5m 处，根据预先定位的导向架及控制线微调，微调完成后减缓下放。由两名专业操作工人手扶引导降落，降落至 100mm 时一名工人利用专用目视镜观察连接钢筋是否对孔。

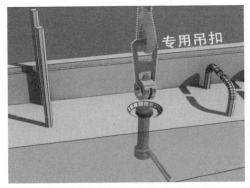
图 3-33　将鸭嘴扣扣在吊钉上

图 3-34　预制墙缓缓起吊至 0.5m 高

　　工作面上吊装人员提前按构件就位线和标高控制线及预埋钢筋位置调整好，将钢垫片准备好，构件就位至控制线内，并放置钢垫片。

　　采用钢管斜支撑进行临时支撑固定，采用专用工具进行预制墙体的标高及轴线位置调整（可参考《装配式混凝土结构安装与支撑工具技术指南》）（图 3-35～图 3-40）。

图 3-35　两名专业操作工人手扶引导下降

图 3-36　用专用目视镜观察钢筋对孔

图 3-37　七字码加斜撑安装示意图

图 3-38　双斜撑安装示意图

图 3-39　液压爪式千斤顶调整标高

图 3-40　角码装置调整标高轴线

3.4　预制叠合楼板

3.4.1　预制叠合楼板的吊装构造

预制装配式混凝土楼盖系统通常由预制梁和预制板（或预制叠合板）组成，与现浇结构相同，通常分为钢筋混凝土楼盖和预应力混凝土楼盖。除了承受并传递竖向荷载外，楼盖将各榀竖向结构连接起来，形成整体抗侧力结构体系，共同承受水平荷载。因此，楼盖结构在增强结构整体性以及传递水平风荷载、水平地震作用中发挥着重要作用。

装配式楼盖大体上可以分为两类：预制叠合楼盖和全预制楼盖。叠合板由预制底板和现场后浇混凝土叠合层组成。全预制楼盖是楼板完全在工厂预制，在现场拼接组装的楼盖体系。目前，一些西方国家在非抗震地区以及低抗震设防烈度区倾向于使用全预制楼盖，以提高工业化水平、效率和效益，在高地震设防烈度区则多采用预制叠合楼盖。

我国的装配整体式混凝土结构中，楼盖主要采用预制叠合楼盖体系，包括钢筋桁架叠合板及预应力带肋叠合板等。

吊装叠合楼板时，应按设计的吊装点位，起吊桁架筋（此部位进行局部加强处理）。

预制叠合楼板的吊装，条件允许时，可考虑串吊，以提高吊装效率。当预制构件串吊时，下部的叠合楼板的重量应直接传递至吊装点位或钢丝绳，不宜通过上部叠合楼板传递荷载至吊钩（图 3-41、图 3-42）。

图 3-41　叠合板串吊 1　　　　　　　　图 3-42　叠合板串吊 2

3.4.2 预制叠合楼板的吊装

1. 叠合板放线

根据定位轴线，在已施工完成的楼层板上，通过铅垂和激光水准仪放出叠合板的定位边线和支撑立杆的定位线，再于已安装完成的预制墙体上弹垂直控制线（图 3-43、图 3-44）。

图 3-43　放出叠合板边线及支撑架体定位线　　　图 3-44　弹出叠合板独立支撑标高控制线

2. 独立支撑架体搭设

叠合板采用独立固定支撑作为临时固定措施，独立固定支撑包括铝合金工具梁、独立支撑及三脚稳定架。影响到叠合板的水平度的直接因素为主龙骨和小横杆的标高，即架体搭设的高度。叠合板的支撑架体为专业的独立钢支撑，上口设有丝扣和顶托，顶托上设置铝合金龙骨。将支撑架放置在指定位置上，然后通过水准仪和卷尺，测出叠合板板底的高度，同时操作人员对上口的丝扣进行调节，使铝合金龙骨顶部达到测量高度的要求（图 3-45、图 3-46）。

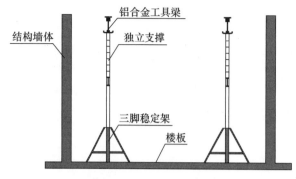

图 3-45 独立支撑架体　　　　　　　图 3-46 调节独立支撑标高

3. 叠合板起吊

吊装时设置两名信号工，构件起吊处一名，吊装楼层上一名。另叠合板吊装时配备一名挂钩人员，楼层上配备 2 名安放叠合板人员。

吊装前由质量负责人核对墙板编号、尺寸，检查质量无误后，由专人负责挂钩，待挂钩人员撤离至安全区域时，由下面信号工确认构件四周安全情况，指挥缓慢起吊，起吊到距离地面 0.5m 左右时，塔吊起吊装置确定安全后，继续起吊（图 3-47）。

图 3-47 叠合板起吊

吊装时应遵循"慢起、快升、缓降"原则，吊运过程应保持平稳；每班作业时宜先试吊一次，测试吊具与塔式起重机是否异常。构件应采用垂直吊运，严禁斜拉、斜吊；吊起的构件应及时安装就位，不得悬挂在空中；吊运和安装过程中，都必须配备信号工、司索工，对构件进行移动、吊升、停止、安装时的全过程，应采用远程通信设备进行指挥，信号不明不得吊运和安装。吊装前，对预埋件、临时支撑、临时防护等进行再次检查，配齐装配工人、操作工具及辅助材料。

4. 叠合板安装

待叠合板下放至距楼面 0.5m 处，根据预先定位的导向架及控制线微调，微调完成后减缓下放。由两名专业操作工人手扶引导降落，降落至 100mm 时，一名工人通过铅垂观察叠合板的边线是否与水平定位线对齐。

吊装完毕后，需要双方管理人员共同检查定位是否与定位线偏差，采用铅垂和靠尺进行检测，如超出质量控制要求，管理人员需责令操作人员对叠合板进行调整，如误差较小则采用撬棍即可完成调整，若误差较大，则需要重新起吊落位，直到通过检验为止（图3-48、图3-49）。

图 3-48　叠合板就位　　　　　　　图 3-49　使用撬棍微调

3.5　预制楼梯

3.5.1　预制楼梯的吊装构造

预制楼梯的生产，一般有含休息平台整体预制和不含休息平台踏步段预制2种，且以不含休息平台踏步段预制较为常见。

预制楼梯出厂时，防滑条及栏杆埋件应已做好。

预制楼梯吊装时，较常采用4点进行吊装，一般在楼梯的上下平台面预埋有吊钉，采用鸭嘴吊扣进行连接吊装。

吊装时，可采用平衡梁吊装、吊链吊装或钢丝绳进行吊装。吊装时，要保证楼梯的倾斜角度与安装就位时的角度相同。

3.5.2　预制楼梯的吊装

1. 根据施工图纸，在上下楼梯休息平台板上分别放出楼梯定位线；同时在梯梁面放置钢垫片，并铺设细石混凝土找平。钢垫片厚度为3～20mm。检查竖向连接钢筋，针对偏位钢筋进行校正（图3-50、图3-51）。

2. 预制楼梯起吊：根据预制楼梯的设计尺寸，可采用平衡梁吊装、吊链吊装或钢丝绳进行吊装（图3-52、图3-53）。

吊装前由质量负责人核对楼梯型号、尺寸，检查质量无误后，由专人负责挂钩，指挥缓慢起吊，起吊到距离地面0.5m左右，检查吊钩是否紧固，构件倾斜角度是否符合要求，待达到要求后方可继续起吊。

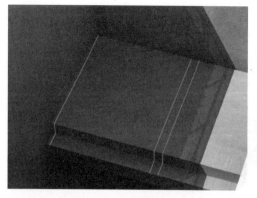

图 3-50 放出楼梯定位线

图 3-51 垫块及细石混凝土找平

图 3-52 钢丝绳吊装楼梯

图 3-53 吊链吊装楼梯

3. 预制楼梯安装：待墙体下放至距楼面 0.5m 处，由专业操作工人稳住预制楼梯，根据水平控制线缓慢下放楼梯，对准预留钢筋，安装至设计位置（图 3-54、图 3-55）。

预制楼梯落位时先用钢管独立支撑进行临时支撑。在预制楼梯上下平台面底部两端各设置不少于 2 个钢管独立支撑，通过独立支撑调整楼梯的标高。

预制楼梯标高及轴线调整到位后，立即进行灌浆或浇筑细石混凝土，避免对灌浆和封堵区域造成污染。

4. 安装连接件、踏步板及永久栏杆：楼梯停止降落后，由专人安装预制楼梯与墙体之间的连接件，然后安装踏步板及永久栏杆或临时栏杆（预制墙体上需预埋螺母，以便连接件固定）（图 3-56、图 3-57）。

预制楼梯安装完成后，应立即使用废旧模板覆盖保护，避免施工过程中对其阳角处造成破坏（图 3-58、图 3-59）。

图 3-54 由专业工人稳住预制楼梯

图 3-55 安装至设计位置

图 3-56 安装预制楼梯与墙体之间的连接件

图 3-57 安装踏步板及永久栏杆

图 3-58 预制楼梯成品保护

图 3-59 楼梯临时栏杆安装

3.6 预制阳台

3.6.1 预制阳台的吊装构造

预制阳台吊装时，一般采用 4 点进行吊装。在阳台的四周预埋有吊钉，采用鸭嘴扣进行连接吊装。

预制阳台吊装类似于预制楼梯，使用平衡梁、钢丝绳或吊链进行吊装。

由于预制阳台的重心有可能不在中心位置，对预制阳台吊装时，可采用框架式平衡梁进行吊装，并配备手拉葫芦进行水平度调整。也可采用 4 点吊装，其中 2 根吊索串手拉葫芦进行水平度调整（图 3-60、图 3-61）。

图 3-60　预制阳台示意　　　　　　　　图 3-61　预制阳台实物图

3.6.2　预制阳台的吊装

1. 安装面准备

预制阳台临时支撑采用底部带三脚架的独立钢支撑，顶部 U 托内放置通长的 50×100 木枋，标高调节至阳台板底标高（图 3-62、图 3-63）。

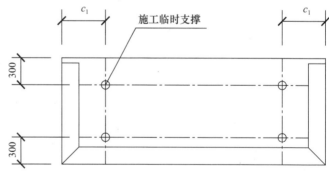

图 3-62　独立钢支撑示意　　　　　　图 3-63　预制阳台临时支撑放线

2. 预制阳台起吊

起吊处安排 1 名挂钩人员，楼面上安排 3 名安装人员，采用框架式平衡梁并配备 4 根钢丝绳或吊链进行吊装，确保预制阳台起吊时的水平度（图 3-64）。

3. 预制阳台安装

当预制阳台下放至距安装面 500mm 时，由安装工人扶住阳台缓慢下落。

当预制阳台板吊装至作业面上空 500mm 时，减缓降落，由专业操作工人稳住预制阳台板，根据叠合板上控制线，引导预制阳台板降落至独立支撑上，根据预制墙体上水平控制线及预制叠合板上控制线，校核预制阳台板水平位置及竖向标高，通过调节竖向独立支撑，确保预制阳台板满足设计标高要求，允许误差为 ±5mm。

通过撬棍调节预制阳台板水平位移，确保预制阳台板满足设计图纸平面位置要求，允许误差为 ±5mm，叠合板与阳台板平整度误差为 ±5mm（图 3-65）。

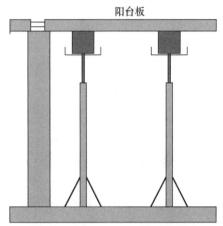

图 3-64　预制阳台吊装示意图　　　　　图 3-65　预制阳台支撑示意图

3.7　预制构件的吊装注意事项

1. 预制构件吊装时，预制构件的混凝土强度及龄期应达到要求，一般不低于 75% 设计强度。

2. 预制构件的吊装点位应提前设计好，方便下一步的转运及吊装。应根据预制构件的类型、尺寸及预留吊点选择相应的吊具。

3. 为使预制构件吊装稳定，不出现摇摆、倾斜、转动、翻倒等现象，应通过计算选择合适、合理的吊具。

4 吊装工具工装

4.1 吊装平衡梁

4.1.1 工具式横梁

1. 用途

工具式横梁是一种通用性强、安全可靠、适合预制构件的吊装工具，用来改善预制构件吊点的受力状态，并调节预制构件的吊装姿态，方便预制构件的吊装就位。工具式横梁常用于梁、柱、墙板、叠合板等构件的吊装，可以防止因起吊受力不均而对构件造成破坏，便于构件的安装、矫正。

工具式横梁通常采用工字钢或 H 型钢、角钢或钢板等材料焊接而成，吊梁长度应根据预制构件的宽度最大值确定，钢板上宜间隔 300mm 进行激光切割成孔或其他切割方式成孔以满足不同预制墙体吊装需求。

2. 应用

使用时根据被吊预制构件的尺寸、重量以及预制构件上的预留吊点位置，利用卸扣将钢丝绳和预制构件上的预留吊点连接。吊梁上设置有多组圆孔，通过横梁的圆孔连接卸扣和钢丝绳进行吊装，保证吊索的垂直度以及吊装的效率；吊点可调式横梁通过调节活动吊钩的位置，来适应各种尺寸预制构件的吊装。

工具式横梁改变了传统吊装梁只适用于较少型号预制构件，可实现一种吊梁吊装多种预制构件的要求，节约工装成本，提高现场效率（图 4-1）。

图 4-1 工具式横梁在构件吊装中的应用（一）

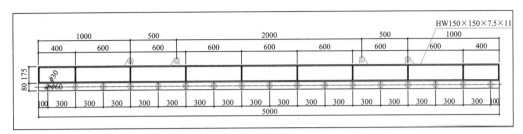

吊点固定式横梁

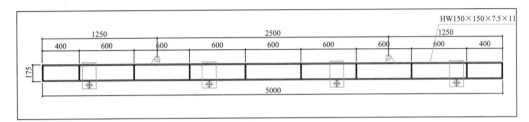

吊点可调式横梁

图 4-1 工具式横梁在构件吊装中的应用（二）

机械式可调式吊梁：在横吊梁中设有 2 个或多个吊点可调的活动调节吊钩，通过调节活动吊钩的位置，来适应各种尺寸预制构件的吊装。

当吊装叠合楼板或者 L 形预制墙板时，应采用框架式平衡梁进行吊装。采用 4 个吊点吊装，并配合手拉葫芦，保证吊装时预制构件的水平度（图 4-2）。

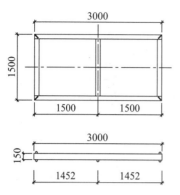

图 4-2　框架式平衡梁

4.1.2　液压可伸缩平衡梁

1. 用途

参考液压起重臂等伸缩结构，设计一种液压可伸缩的平衡梁，以适应多种形式预制构件的现场吊装。因平衡梁长度可伸缩，在狭小空间部位，吊装较方便。

可伸缩平衡梁的基本原理是：钢平衡梁为结构件承重部分，分内筒和外筒。外筒固定，内筒可伸缩。在平衡梁内设置液压伸缩油缸，通过控制油缸的行程，控制平衡梁内筒的伸缩，实现平衡梁任意长度的调节（一定长度范围内），从而适应现场 PC 件的吊装。

油缸通过快速接头与外置油泵连接，通过外置油泵来控制油缸的行程。

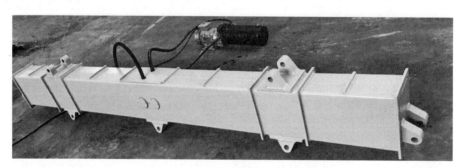

图 4-3　液压可伸缩平衡梁实物图

图 4-4　平衡梁快速接头　　　　　　　　　图 4-5　平衡梁端部

28

2. 应用

通过控制油缸的行程，控制平衡梁内梁的伸缩，实现平衡梁任意长度的调节（一定长度范围内），从而适应现场 PC 件的吊装（图 4-6）。

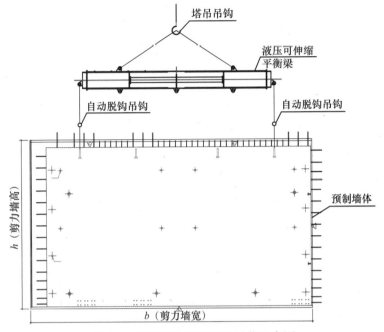

图 4-6 液压可伸缩平衡梁吊装示意图

4.1.3 机械可伸缩平衡梁

1. 构造

机械可伸缩吊装平衡梁，包括外筒、内筒和齿轮传动系统、吊重监控系统。

外筒和内筒均为矩形钢管。外筒的上部以及两个内筒的端部及中部均设有吊耳。外筒的中部设置有驱动齿轮。驱动齿轮与驱动轴固定，驱动轴的轴承固定于外筒内侧，轴的端部与外筒平齐，并加工有内六角形状凹槽。手动摇柄的一端加工成外六角形状，与驱动轴的内六角形成配合，通过手动摇柄使驱动轴转动。

外筒的中部设置有 2 个从动齿轮。从动齿轮与主动齿轮啮合，从动齿轮与主动齿轮均为锥形齿轮，夹角为 90°。外筒的中部设置的从动齿轮与内筒调节螺杆固定，内筒调节螺母与内筒固定，内筒调节螺杆与螺母做相对运动，带动内筒内外伸缩。外筒的中部设置的内筒调节螺杆共有 2 根，一根为正丝，另一根为反丝（图 4-7）。

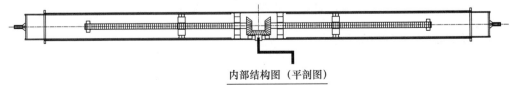

内部结构图（平剖图）

图 4-7 内钢管最小行程尺寸图（一）

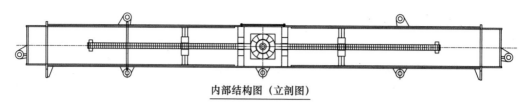

内部结构图（立剖图）

图 4-7　内钢管最小行程尺寸图（二）

2. 应用

（1）根据预制构件的吊点位置，调整平衡梁的长度。通过手动摇柄驱动平衡梁内筒外伸或内缩，使平衡梁内筒的端部吊耳与预制构件的吊点等长。

（2）将平衡梁装置与塔吊吊钩通过吊索连接，吊索由 2 根等长钢丝绳组成，保证平衡梁装置处于水平状态。平衡梁左右端部安装 2 根相同长度的吊索。

（3）操作塔吊，将平衡梁装置与预制构件连接。

（4）塔吊缓慢起钩。将预制构件调离地面 200～300mm，停止起钩。检查吊索、平衡梁与卸扣，以及构件水平状态等。

（5）塔吊起钩，将预制构件吊装至预定安装位置就位安装。待预制构件临时安装固定后，解除下部连接，塔吊吊装下一个预制构件。

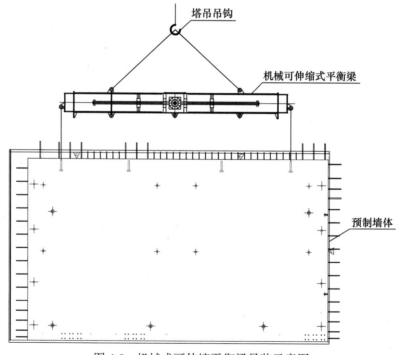

图 4-8　机械式可伸缩平衡梁吊装示意图

4.1.4　平衡梁（直臂带配重）

1. 构造

平衡梁装置由钢管、钢板等组成。平衡梁一端安装有平衡块底座，平衡块底座采用厚钢板或铸钢件加工而成。平衡块底座与钢管焊接。平衡块底座上部有插销，可安装配重块。配重块采用厚钢板或铸钢件加工而成。

靠近平衡块一侧对称焊接有吊耳。在靠近另一端上部对称焊接有 2 块钢板，每块钢板上设置有多个圆孔作为吊耳。

在远离平衡重的另一端焊接有钢管。钢管上焊接有钢板，钢板钻孔作为吊装构件的吊耳板。在平衡梁下部，竖向钢管焊接在水平钢管（平衡主梁）上，以保证平衡梁放置于地面时，保持整体水平状态。

靠近配重的吊点固定，远离配重的吊点位置可调。通过吊点位置的调整，适应不同重量的构件吊装。

2. 应用

平衡梁装置吊装构件，起吊后，由于构件的重量，平衡梁向构件侧倾斜一定角度，使得靠近构件侧吊索夹角增大，塔吊吊钩与下部平衡梁及构件的重心合力点在一条竖线上，吊装处于平衡状态。

构件吊装就位后，缓慢卸载。吊装构件侧的荷载逐渐减少，由于平衡梁配重的原因，平衡梁逐渐向配重侧倾斜。当构件完全卸载后，平衡梁向配重侧倾斜停止。靠近配重侧的吊索夹角增大，塔吊吊钩与下部平衡梁的重心重新处于一条竖线上，吊装重新处于平衡状态（图 4-9）。

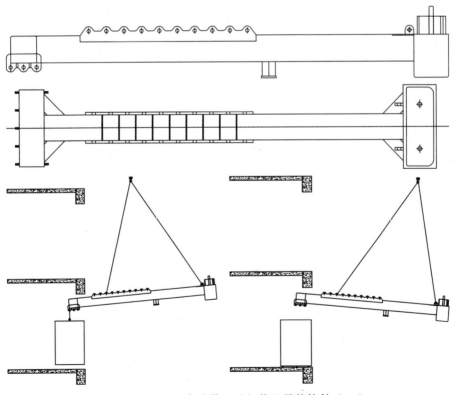

图 4-9　平衡梁（直臂带配重）装置吊装构件（一）

图 4-9　平衡梁（直臂带配重）装置吊装构件（二）

4.1.5　三角形平衡梁

1. 构造

三角形平衡梁由钢板制作而成。三角形平衡梁由一块主钢板，吊耳加强板，以及加劲钢板组成。主钢板里面开洞，用于减轻吊梁的自重。吊耳加强板焊接于主钢板的吊耳孔处，用于加强主钢板吊耳孔处的强度。加劲钢板对称焊接于主钢板两侧，用于保证主钢板平面外的稳定。

三角形平衡梁上部设有一个吊点，用于与塔吊连接。下部设有三个吊点，用于与预制柱连接。可一次吊起 3 根预制柱，提高预制柱的吊装效率（图 4-10）。

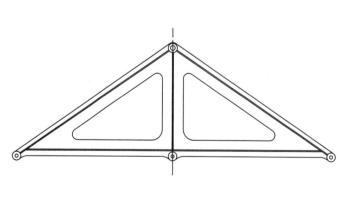

图 4-10　三角形平衡梁装置吊装构件（一）

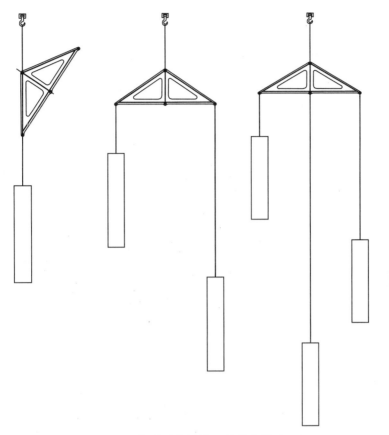

图 4-10 三角形平衡梁装置吊装构件（二）

2. 应用

（1）将塔吊吊钩与三角形平衡梁上部吊耳通过上部吊索连接。三角形横梁下部连接下部吊索。

（2）操作塔吊，将塔吊吊钩及三角形平衡梁旋转至预制柱正上方，降落塔吊吊钩，用三角形的下部一边吊耳与第一根预制柱连接，塔吊起钩，吊起第 1 根预制柱。由于三角形平衡梁处于单边受力，三角形平衡梁处于倾斜状态。

（3）第一根预制柱吊离地面 200mm 后，利用三角形平衡梁的另一端边吊耳吊索连接第 2 根预制柱，再缓慢起钩，将第二根预制柱吊离地面 200mm。由于三角形平衡梁处于 2 遍对称受力状态，三角形平衡梁处于水平状态。

（4）操作塔吊，将三角形平衡梁的中间吊耳与第 3 根预制柱连接，再将第三根预制柱吊离地面。状态如图 4-10 所示。

（5）操作塔吊吊钩，将预制柱起钩，吊装至相应楼层安装位置。分别依次将中间第 3 根预制柱、边吊耳第 2 根预制柱、边吊耳第 1 根预制柱缓慢就位，临时支撑固定后，解除吊索与预制柱的连接。预制柱的安装顺序与起吊顺序相反。

重复步骤（1）～（5），即实现预制柱的吊装。

4.1.6 曲臂平衡梁

通过曲臂平衡梁装置和尾部的配重,实现不同重量的预制构件的吊装,并将预制构件吊装至楼层内或者结构侧壁,避免塔吊吊钩与建筑边缘碰撞。

1. 构造

曲臂平衡梁装置下部一端设有吊点,用于连接吊装构件。平衡梁另一端设有平衡重,平衡重与主梁通过销轴连接。平衡梁装置中部附近设有吊杆,吊杆与平衡梁装置销轴连接,平衡梁装置可绕销轴转动。平衡梁配重端设有滚轮,用于平衡梁起吊时,配重端与地面的滚动接触。

2. 应用

(1)将塔吊吊钩与构件吊装的平衡梁装置通过上部吊索连接,根据吊装构件重量及尺寸选择平衡梁装置上部的吊耳位置。

(2)操作塔吊,将塔吊吊钩及平衡梁装置旋转至构件正上方,降落塔吊吊钩,使平衡梁装置与吊装构件通过下部吊索连接。

(3)塔吊缓慢起钩,将构件调离地面,检查无误后,起钩并旋转吊臂,将构件吊装至就位楼层附近,高于楼层 100～200mm。

(4)移动塔吊小车,将构件吊装至楼层内,并使构件重心在楼层边线内一定距离后,缓慢降落塔吊吊钩,使构件不再承受平衡梁拉力。将构件脱钩,移动塔吊吊钩,使平衡梁退出楼层范围。

重复步骤(1)～(4),即实现构件的吊装(图 4-11)。

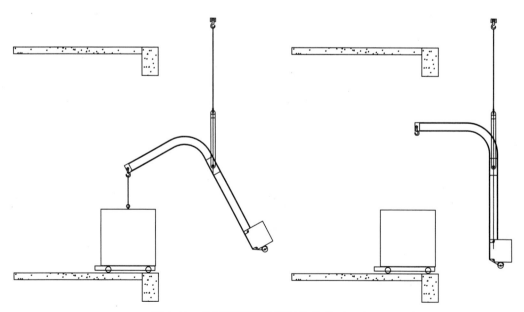

图 4-11 曲臂平衡梁装置吊装构件(一)

图 4-11　曲臂平衡梁装置吊装构件（二）

4.2　吊钩

4.2.1　手动脱钩吊钩

1. 构造

手动脱钩吊钩包括上部插销、吊梁、弹簧、锁块、下部插销、插销套筒、导向轮、拉线。吊钩为上下开口 U 形结构。

手动脱钩吊钩通过上部插销和塔吊吊钩连接，通过塔吊吊钩实现下部吊钩 360° 的旋转。吊钩通过下部插销和构件连接，通过下部插销的水平动作实现脱钩的目的。

在地面采用手动将构件与吊钩连接。将下部插销拨至闭合状态，锁止块将插销锁死。

构件吊装就位后，下落吊钩，吊钩处于自重受力状态。牵引拉线，将锁止块上提，插销在拉线拉力下向右运动，实现脱钩。

2. 应用

（1）将塔吊吊钩与预制构件吊装的手动脱钩吊钩通过上部插销连接，将吊索卸扣与手动脱钩吊钩通过下部插销连接。

（2）操作塔吊，将塔吊吊钩及手动脱钩吊钩旋转至预制构件正上方，降落塔吊吊钩，使吊索与预制构件相连接。

（3）塔吊缓慢起钩，将预制构件调离地面，检查无误后，起钩并旋转吊臂，将预制构件吊装至安装位置处。

（4）塔吊吊钩缓慢降落，使预制构件受临时支撑稳定后，再缓慢降落吊钩，手动脱钩吊钩处于自重状态。牵引拉线，将锁土块上提。插销在拉线拉力下向右运动，实现脱钩。

重复步骤（1）～（4），即实现构件的吊装。

本手动脱钩吊钩构造简单可靠，通过拉线控制锁块和下部插销的运动，脱钩可靠，方便现场作业，提高了工效，减少了高空作业，降低了危险性（图4-12）。

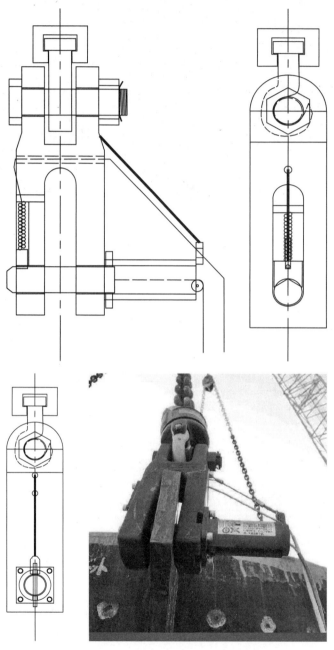

图4-12 手动脱钩吊钩装置吊装构件

4.2.2 自动脱钩吊钩1

1. 构造

现场构件吊装就位后，需要人工搭设爬梯去解除与构件相连的吊钩。有些预制构件高度高（如预制框架柱等）、重量大，对此类预制构件脱钩，按现有的吊钩，脱钩较不便利，且耗费了时间，增加了危险性。因此，研发一套带遥控的自动脱钩吊钩，方便构件的现场吊装，提高工效，降低危险性。

基本原理：从遥控器发出信号，由卸扣上的信号接收器接收该信号，经电子控制器ECU识别信号代码，再由该系统的执行器（电磁继电器）执行启／闭锁的动作。可以远距离、方便地进行卸扣的解锁（脱钩）和闭锁（合钩）。该系统主要由发射机和接收机两部分组成（图4-13）。

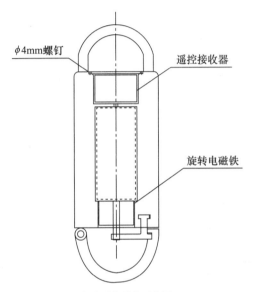

自动脱钩吊钩示意图

自动脱钩吊钩实物图

图4-13 自动脱钩吊钩应用

2. 应用

（1）将该自动脱钩吊钩上端挂于吊车吊钩上，自动脱钩吊钩处于闭合状态。在地面堆场处，将钢丝绳及卸扣与构件连接，手动拨动自动脱钩吊钩下部吊钩，将卸扣插入下部吊钩，利用自动脱钩吊钩复位弹簧下部吊钩复位，完成自动脱钩吊钩与构件的可靠连接。

（2）起重吊车提升，将构件吊装至安装位置。

（3）构件吊装就位后，降低吊钩位置，使自动脱钩吊钩不再承受构件重量。按动遥控器启动按钮，遥控器无线信号由自动脱钩吊钩内信号接收器接收，电磁继电器通电工作，驱动电动机轴及附属钢销转动，下部吊钩脱钩。下部吊钩脱钩后，按动遥控器复位按钮，电磁继电器断电，电动机轴及附属钢销在复位弹簧作用下复位。

采用自动脱钩吊钩进行吊装，可远距离遥控脱钩，省去了搭设爬梯以及爬梯解钩的时间。

4.2.3 自动脱钩吊钩 2

1. 构造

借鉴手动脱钩吊钩和自动脱钩吊钩 1，研发形成自动脱钩吊钩 2。

自动脱钩吊钩 2 为上下开口 U 形结构，上部与塔吊吊钩连接，下部与预制构件通过吊索卸扣连接。

自动脱钩吊钩通过上部插销和塔吊吊钩连接，通过塔吊吊钩实现自动脱钩吊钩 360° 的旋转。

自动脱钩吊钩通过下部插销和预制构件连接，通过下部插销的水平动作实现脱钩的目的。

吊钩的侧壁加工有凹槽，凹槽内放置充电电池，凹槽外部侧壁设有用于封住电池槽的封盖。吊钩的另侧壁加工有凹槽，凹槽内放置遥控信号接收器和电磁铁。凹槽外部侧壁设有用于封住遥控信号接收器和电磁铁的封盖。

在地面采用手动将构件与吊钩连接。将下部插销拨至闭合状态，锁止块将插销锁死。

构件吊装就位后，下落吊钩，吊钩处于自重受力状态。按动遥控开关，遥控接收器接收信号，电磁继电器通电工作，将锁止块上提，插销在弹簧拉力下向右运动，实现脱钩（图 4-14）。

2. 应用

（1）将塔吊吊钩与预制构件吊装的自动脱钩吊钩通过上部插销连接，将吊索卸扣与自动脱钩吊钩通过下部插销连接。

（2）操作塔吊，将塔吊吊钩及自动脱钩吊钩移动至预制构件正上方，降落塔吊吊钩，使自动脱钩吊钩通过吊索与预制构件连接，锁止块将插销锁死。

（3）塔吊缓慢起钩，将预制构件调离地面，检查无误后，起钩并旋转吊臂，将预制构件吊装至安装位置处。

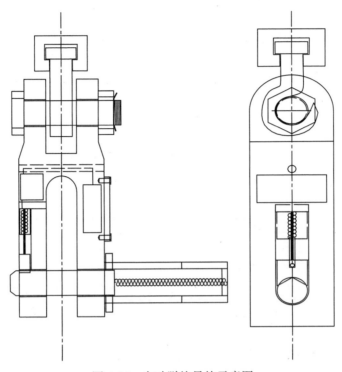

图 4-14　自动脱钩吊钩示意图

（4）塔吊吊钩缓慢降落，使预制构件受临时支撑稳定后，再缓慢降落吊钩，自动脱钩装置处于自重状态。按动遥控器，遥控接收器接收信号，电磁继电器行程杆带动锁块向上运动，插销在弹簧拉力下向右运动，实现脱钩。

重复步骤（1）～（4），即实现预制构件的快速吊装。

采用自动脱钩吊钩进行吊装，可远距离进行脱钩操作，省去了搭设爬梯以及爬梯解钩的时间，提高预制构件的安装效率。

4.3　吊装配件

4.3.1　钢丝绳

1. 钢丝绳的选型

钢丝绳是将力学性能和几何尺寸符合要求的钢丝按照一定的规则捻制在一起的螺旋状钢丝束，它由钢丝、绳芯及润滑脂组成。钢丝绳先由多层钢丝捻成股，再以绳芯为中心，由一定数量股绕成螺旋状的绳。钢丝绳的强度高、自重轻、工作平稳、工作可靠。在装配式混凝土结构施工中，钢丝绳主要用于吊装预制构件，其选型是否正确、是否安全牢固影响着施工的安全性。

为便于计算钢丝绳的直径，现行国家标准《塔式起重机设计规范》GB/T 13752—2017提供了安全系数法和 C 系数法。

安全系数法按钢丝绳最大工作静拉力及钢丝绳所属机构工作级别有关的安全系数选择钢丝绳直径，适用于运转钢丝绳和拉紧用钢丝绳。所选钢丝绳的破断拉力 F_{ro} 应满足下式：

$$F_{ro} \geqslant F_{rmax} K_{nr}$$

式中 F_{ro}——所选用钢丝绳的破断拉力，N；

F_{rmax}——钢丝绳最大工作静拉力，N；

K_{nr}——钢丝绳最小安全系数，按表 4-1 选取。

钢丝绳最小安全系数

表 4-1

机构工作级别	M1	M2	M3	M4	M5	M6
安全系数 K_{nr}	3.5	4	4.5	5	5.5	6

注：拉紧用钢丝绳的安全系数不得小于 3.5。

根据不同的使用目的，钢丝绳的构造和捻制方法各不相同。根据钢丝的强度等级可分为 1570N/mm²、1770N/mm²、1870N/mm²、1960N/mm²、2160N/mm²。不同的钢丝绳构造具有不同的特点，适用于不同的场所，因此除按照安全系数法和 C 系数法计算出所需的钢丝绳直径外，还需综合考虑钢丝绳的强度等级、结构形式、使用场所等诸多因素，从而最终选定钢丝绳的型号。

2. 钢丝绳的连接方式

钢丝绳的连接方式有小接法与大接法两种。小接法在接头范围内由两根绳子的绳股合在一起，因此绳头变粗，小接法的接头长度较短。大接法将两个绳头的绳股各剁去一半，然后将两个绳头对在一起插接，大接法的接头长度较长。

钢丝绳的插接方法一般可分为 5 种，分别是一进一插接法、一进二插接法、一进三插接法、一进四插接法和一进五插接法。最常用的是一进三插接法，一进五插接法，多用于钢丝绳的小结。

钢丝绳绳端固定连接一般分为 5 种，分别是编结法、绳夹固定法、压套法、斜楔固定法和灌铅法。

3. 钢丝绳的报废

钢丝绳的报废参照《起重机 钢丝绳 保养、维护、检验和报废》GB 5972—2016 中的相关标准执行。

（1）钢丝绳报废断丝数（表 4-2）

钢丝绳报废断丝数 表 4-2

安全系数	《重要用途钢丝绳》GB/T 8918			
	绳 6×19		绳 6×37	
	一个节距中的断丝根数（一个节距指每股钢丝绳缠绕一周的轴向距离）			
	交互捻	同向捻	交互捻	同向捻
＜6	12	6	22	11
6～7	14	7	26	13
＞7	16	8	30	15

（2）钢丝绳报废断丝数的折减系数

钢丝绳有锈蚀或磨损时，报废断丝数应按照表 4-3 折减，并按折减后的断丝数报废。

钢丝绳报废断丝数的折减系数 表 4-3

测得的钢丝绳表面磨损量或锈蚀量（%）	10	15	20	25	30～40	＞40
在受力计算时应考虑的折减系数（%）	85	75	70	60	50	0

4.3.2 吊装链条

链条一般作为索具，用于与预制构件的直接连接（图 4-15）。

图 4-15 吊装链条

吊装链条的优点：

1. 挠性好。与预制构件连接较方便。

2. 变形小。当预制构件重心与形心不重合时，由于构件的偏心导致吊索的受力不均，弹性变形不一致。相比钢丝绳，链条的变形量较小，对保持预制构件的水平状态更有利。

3. 比较耐腐蚀。

吊装链条的缺点：

1. 由于有焊接点，有可能发生焊缝破坏，安全可靠性相比钢丝绳差。

2. 同样载重量下，比钢丝绳重。

3. 链条在运动中经常产生滑移和摩擦，易磨损。

一般的链条检测包括以下两个方面：

（1）链条的拉长量。因吊装荷载，链环拉长使得链条长度增加，其增加量是磨损与拉长两个因素作用的结果。一般来讲，链条伸长量需要每月检测，当伸长量达到 2.5% 时，应考虑链条的替换。

（2）链条的焊缝。由于链条为焊缝连接，长期的动力荷载有可能造成焊缝开裂，因此需对链条的焊缝进行检测。

4.3.3　圆头吊钉

圆头吊钉通过圆脚把载荷转移到混凝土，从而用相对较短的吊钉也能获得较高的允许载荷。即使用在薄墙中，载荷也能有效传递到混凝土与钢筋上。由于吊钉的圆脚轴对称形状，不同于其他类型的预埋吊钉／螺栓，因此放置吊钉时不需要有特殊的定位。

圆头吊钉的产品设计安全系数一般取 3.0，混凝土失效安全系数取 2.5。鸭嘴吊扣的安全系数取 5.0。选择应用时，设计与吊运应满足不小于 1.2 的安全系数的要求。

圆头吊钉与鸭嘴吊扣配合使用（图 4-16）。

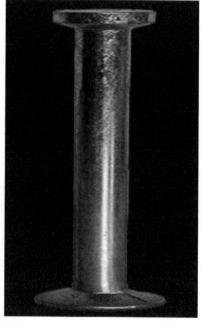

图 4-16　圆头吊钉

4.3.4 鸭嘴吊扣

鸭嘴吊扣一般采用合金钢，锻造工艺加工，与吊钉配合使用（图4-17）。

1. 鸭嘴吊扣的扣合操作

（1）挂钩前确认吊钉和鸭嘴吊扣相匹配。

（2）将鸭嘴扣开口处对准吊钉，向下压入使吊钉套入鸭嘴扣中。

（3）旋转鸭嘴扣球头鸭舌，使吊钉卡入鸭嘴扣闭合槽中。球头鸭舌应尽量旋转到闭合极限位。

（4）鸭嘴扣落入凹槽中，等待吊装。

2. 鸭嘴吊扣的解锁操作

（1）放下构件，如图4-17所示旋转鸭嘴扣球头鸭舌，使吊钉处于开口位置以便取下鸭嘴扣。

（2）将吊头拉起，不要让其在吊钉上方摇晃，防止误挂。

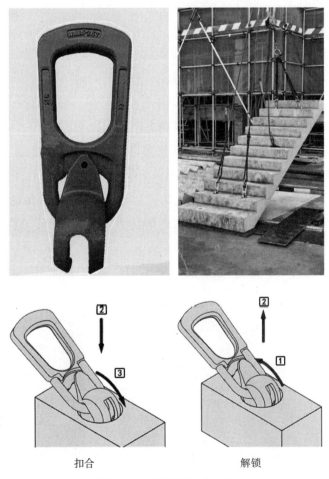

扣合　　　　　　　　解锁

图 4-17　鸭嘴吊扣（一）

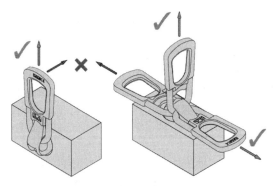

受力方向

说明：1.	"×"不合适的受力方向；"√"合适的受力方向。

2.	鸭嘴扣可承受轴向的荷载和摇摆，构件在摇摆时可以绕鸭嘴扣旋转，鸭舌必须如图所示处于闭锁位置。

3.	如果在有荷载时，鸭嘴扣转动不顺，可根据现场情况使用少量润滑脂。

图 4-17　鸭嘴吊扣（二）

4.3.5　万向吊环

万向吊环下部为丝杆，与螺纹套筒配合使用（图 4-18）。吊环上部可 360° 旋转。万向吊环一般采用合金钢锻造成型。

使用注意事项：

（1）万向吊环使用时，勿超过额定载荷。

（2）螺纹套筒预埋时，应垂直于预制构件表面。吊环上部吊索拉力方向应竖直向上，不应歪拉斜吊，以保证吊环下部丝扣的竖向受力。

（3）吊环与螺纹套筒连接时，应保证吊环垫圈与工件表面全接触，中间不得有间隙。不得在吊环垫圈和工件表面之间加装垫物。

（4）起吊时，应匀速施加载荷，逐渐加力，勿施加冲击载荷及振动载荷。

（5）旋转吊环使用时，吊环螺栓可能会逐渐松动，应确认吊环与套筒拧紧，若有松动必须重新调紧。

（6）应经常检查万向吊环的丝扣部位，若有损坏，应停止使用。平时存放时，应涂润滑油保养（图 4-18）。

螺纹套筒

图 4-18　万向吊环

4.3.6　手拉葫芦

1. 用途

装配式混凝土结构较常使用手拉葫芦，利用手拉葫芦来调节预制构件吊装的水平度，以及就位时的安装调节。

2. 特点

手拉葫芦具有重量轻、体积小、携带方便、操作简单、能适应各种作业环境等特点。

3. 手拉葫芦的使用和保养

（1）手拉葫芦在使用前，应作详细的检查，如吊钩、链条与轴是否有变形或损坏，链条根部是否固定牢固，传动部分是否灵活，手拉链是否有滑链或掉链现象。

（2）使用前应检查起重链是否打扭，如有打扭现象，应放顺才可使用。

（3）在使用时先把手拉葫芦稍许拉紧后，检查各部分有无变化，再试摩擦片，圆盘和棘轮圈的自销情况，是否完好，经检查确认为良好后，才能继续工作。

（4）手拉葫芦在起重时，不能超负荷使用，在任何方向使用时，拉链方向应与链轮方向相同，注意防止手拉链脱槽，拉手拉链的力量要均匀，不要过快过猛。

（5）手拉葫芦在使用过程中，应根据手拉葫芦的起重能力决定拉链人数，如手拉链拉不动时，应查明原因，不能随便增加人数猛拉，以免发生事故。

（6）已吊起的重物需中途停止时间较长的，要将手链拴在起重链上。以防止由于时间过长而自锁失灵。

（7）转动部分要经常上油，保证润滑，减少磨损，但不得将润滑油渗进摩擦胶木片内，以防止自锁失灵。

4.3.7　卸扣

1. 分类

按材质分类，常见的有碳钢、合金钢、不锈钢、高强度钢等。

按外形分直形和椭圆形。按活动销轴的形式分销轴式和螺栓式。

国内市场上常用的卸扣，按生产标准一般分为国标、美标、日标三类，其中美标的最常用，因为其体积小承载重量大而被广泛运用。

（1）美标卸扣

国内生产销售的美标卸扣，大部分都是按照美国 Crosb 卸扣的标准生产的。美标卸扣相比我们国标卸扣和日式卸扣体积更小，重量更轻，安全系数更高。

国内的美标卸扣大部分都是用 45 号钢锻造本体，横销用 40Cr 锻造，表面处理一般都是镀锌或涂漆（图 4-19）。

（2）国标卸扣

国内生产的国标卸扣都是用45号钢锻造而成的，而且重量较重，体积较大（图4-19）。

美标卸扣　　　　　　　　　国标卸扣

图4-19　卸扣分类

2. 使用注意事项

（1）卸扣应光滑平整，不允许有裂纹、重皮、锐边、过烧、飞边和变形等缺陷。使用时，应检查扣体和插销，不得严重磨损、变形和疲劳裂纹。

（2）卸扣必须是锻造的，一般用45号钢或40Cr锻造后经过热处理而制成的，以便消除残余应力和增加其韧性，不得使用铸造和补焊的卸扣。

（3）销轴在承吊孔中应转动灵活，不得有卡阻现象。

（4）使用时不得超过规定的载荷，应使用销轴与扣顶受力，不能侧向（横向）受力，横向使用会造成扣体变形。

（5）在物体起吊时应使扣顶在上、横销在下，使绳扣受力后压紧销轴，销轴因受力在销孔中产生摩擦力，使销轴不易脱出。

（6）不得从高处往下抛掷卸扣，以防止卸扣落地碰撞而变形以及内部产生损伤及裂纹。

（7）轴销正确装配后，扣体内宽不得明显减少，螺纹连接良好。

（8）卸扣的使用不得超过规定的安全负荷。

3. 报废标准

（1）卸扣任何一处出现裂纹。

（2）扣体和轴销任何一处截面磨损量达到原尺寸的10%以上。

（3）本体变形大于原尺寸的10%。

（4）横销磨损大于原尺寸的5%。

（5）螺栓坏丝、滑丝或长度不足。

（6）卸扣不能闭锁。

（7）卸扣试验后不合格。

（8）有明显永久变形或轴销不能转动自如或深的划痕。

4.3.8 吊装工具使用注意事项

1. 吊装工具在使用之前，对于吊链、卸扣、钢丝绳等吊具，应检查吊具的出厂合格证和安全生产许可证，确保产品为合格产品。

2. 吊装工具应在额定起重量之内进行起重吊装，不得超负荷使用吊装工具。

3. 吊装工具应正确地使用，并应安排专人负责，妥善保管与维护。

4. 吊装用的钢丝绳宜根据吊装构件的重量、外形尺寸定做，对钢丝绳进行编号，不宜混用。

5. 钢丝绳的端头宜采用专用锁具进行固定，以保证制作的吊索长度一致且长度误差满足要求，避免制作的吊索长度偏差较大，造成预制构件吊装时倾斜，不易就位，影响吊装效率。

6. 手拉葫芦要定期检查内部棘轮，并上油维护。

7. 对达到报废标准的钢丝绳及其他吊具，应进行报废处理。

4.4 通用吊装工具汇总

通用类吊具主要包括钢丝绳及附件，卸扣、吊钩与吊环、手拉葫芦等。主要用途及控制要求见表4-4。

通用吊装工具主要用途及控制要求　　　　　　　　　表4-4

序号	工装名称	工装图片	主要用途	控制要求
1	工具式横梁		适用于预制外墙板、预制内墙板、预制楼梯、预制PCF板、预制阳台板、预制阳台隔板、预制女儿墙板等构件的起吊	由H型钢焊接而成，下方设置专用吊钩，用于悬挂吊索
2	框架式平衡梁		适用于不同型号的叠合板、预制外墙（带凸窗）、预制楼梯起吊	由H型钢焊接而成，下方设计专用吊耳及滑轮组，预制叠合板通过滑轮组实现构件起吊后水平状态自平衡
3	八股头式吊索		采用6×37钢丝绳制成的预制构件吊装绳索	其长度应根据吊物的几何尺寸、重量和所用的吊装工具、吊装方法予以确定，吊索的安全系数不应小于6

续表

序号	工装名称	工装图片	主要用途	控制要求
4	环状式吊索		采用6×37钢丝绳制成的预制构件吊装绳索	吊索与所吊构件间的水平夹角应为45°～60°，吊索的安全系数不应小于6
5	吊链		主要由环链与吊钩、吊环构成	1. 依据工况及《起重吊带和吊链管理办法》使用。 2. 保证无扭结、破损、开裂，不能在吊链打结、扭、绞状态下使用。 3. 使用正确长度和吨位的吊链，不能超载和持久载荷
6	卸扣		用于锁具与末端之间，起连接作用。在吊装起重作业中，直接连接起重滑车、吊环或者固定绳索	1. 卸扣应光滑平整，不允许有裂纹、锐边、过烧等缺陷。 2. 使用时，应检查扣体和插销，不得严重磨损、变形和疲劳裂纹，螺纹连接良好。 3. 卸扣的使用不得超过规定的安全负荷
7	吊钩		常借助于滑轮组等部件悬挂在起升机构的钢丝绳或吊链上	吊钩应有制造厂的合格证书，表面应光滑，不得有裂纹、划痕、刨裂、锐角等现象存在，否则严禁使用。吊钩应每年检查一次，不合格者应停止使用
8	鸭嘴吊扣		高强度低合金钢锻造，适用于各种预制构件，特别是大型的竖向构件吊装，例如预制剪力墙、预制柱、预制梁及其他预制构件，与圆头吊钉配合使用	1. 挂钩前确认吊钉和鸭嘴扣相匹配。 2. 应保证鸭嘴吊扣的正确受力方向
9	万向吊环		高强度低合金钢锻造，适用于较轻预制构件吊装，与内螺纹套筒配合使用	1. 使用时，勿超过额定载荷。 2. 吊环上部吊索拉力方向应竖直向上，不应歪拉斜吊，以保证吊环下部丝扣的竖向受力。 3. 吊环与螺纹套筒连接时，应保证吊环垫圈与工件表面全接触

续表

序号	工装名称	工装图片	主要用途	控制要求
10	圆头吊钉		采用热锻工艺加工成型，头部与鸭嘴吊钩连接，尾部与预制构件的混凝土锚固	1. 圆头吊钉预埋于预制构件内时，应保证与预制构件外表面垂直。 2. 圆头吊钉的选型及荷载应与所吊装的预制构件重量相匹配，每个吊钉所分担的预制构件重量不应超过其额定荷载值
11	内螺纹套筒		多种直径的滚丝螺纹套筒，经济型的吊装配件，适用于吊装较轻的预制构件	1. 承重不可超出额定荷载。 2. 螺纹套筒预埋时，应垂直于预制构件表面。上部的拉力应平行于螺杆的中心线，不宜歪斜受力。 3. 内螺纹套筒尾部必须穿相应直径的钢筋，且钢筋长度满足要求，与预制构件钢筋网绑扎牢固

说明：卸扣、手拉葫芦、钢丝绳等的选型，可参考《重型设备吊装手册》或相关产品手册。

参 考 文 献

［1］JGJ 162—2008 建筑施工模板安全技术规程［S］.

［2］JGJ 386—2016 组合铝合金模板工程技术规程［S］.

［3］上海城建职业学院.装配式混凝土建筑结构安装作业［M］.上海：同济大学出版社，2016.

［4］田春雨.我国装配式混凝土结构技术总结与发展建议［J］.动感（生态城市与绿色建筑），2017，（01）.

［5］GB/T 13752—2017 塔式起重机设计规范［S］.

［6］樊兆馥.重型设备吊装手册（第2版）［M］.北京：冶金工业出版社，2010.